PREUSSISCHE AKADEMIE DER WISSENSCHAFTEN

VORTRÄGE UND SCHRIFTEN

HEFT 6

# CAESARS WELTGESCHICHTLICHE LEISTUNG

*Prof. Dr. Matthias Gelzer*

BERLIN 1941

VERLAG WALTER DE GRUYTER & CO

VORMALS G. J. GÖSCHEN'SCHE VERLAGSHANDLUNG · J. GUTTENTAG, VERLAGSBUCHHANDLUNG · GEORG REIMER · KARL J. TRÜBNER · VEIT & COMP.

Printed in Germany
Druck von Walter de Gruyter & Co., Berlin W 35
Archiv Nr. 345841

# CAESARS WELTGESCHICHTLICHE LEISTUNG

VON

PROF. DR. MATTHIAS GELZER

Wie selbstverständlich stellt Plutarch in seinen Parallelbiographien den Caesar mit Alexander dem Großen zusammen, doch finden wir in der Lebensbeschreibung keine andere Bezugnahme mehr darauf als die berühmte Anekdote, wie Caesar, neununddreißigjährig als Statthalter in Spanien, bei der Lektüre der Alexandergeschichte in stilles Nachdenken versinkt, dann in Tränen ausbricht und den Freunden auf ihre teilnehmende Frage antwortet: „Scheint euch das nicht Grund zur Traurigkeit, wenn Alexander in so jugendlichem Alter schon über so viele Menschen als König herrschte, von mir aber keine glänzende Tat verrichtet worden ist.“ Bei Plutarch folgt diese Erzählung auf die andere, wie Caesar auf der Reise an einem ärmlichen Alpendorf vorbeikommt und die Gefährten scherzend bemerken, ob es wohl hier auch Wahlkämpfe und Rangstreitigkeiten gebe, worauf Caesar sofort einfällt: „Ich möchte lieber bei diesen der erste als bei den Römern der zweite sein.“

Der griechische Biograph will mit beiden Anekdoten lediglich Caesars Ehrgeiz charakterisieren, aber der von Caesar angestellte Vergleich mit Alexander regt auch an, darüber nachzudenken, ob er denn wirklich später, wie die Anekdote voraussetzt, sein Vorbild erreicht hat. Alexander, Eroberer eines Weltreichs und trotz dem frühen Tode Urheber einer neuen weltgeschichtlichen Epoche, Caesar dagegen sein Leben verzehrend im Kampf um die Macht, die ihm erst die Gelegenheit schaffen soll, seine staatsmännische Fähigkeit im großen Stil zu entfalten, und der, kaum ans Ziel gelangt, unter den Dolchen seiner politischen Gegner fällt, so daß Plutarch das Ergebnis in dem Satz zusammenfaßt: „Macht und Herrschaft, denen er sein ganzes Leben lang unter solchen Gefahren nachjagte, hatte er eben errungen und damit doch nichts gewonnen als den bloßen Namen und den von den Mitbürgern gehaßten Ruhm.“

Noch deutlicher als beim Vergleich mit Alexander, der ja auch vorzeitig seinem Werk entrissen wurde, erkennen wir das Besondere dieses Schicksals, wenn wir uns entsprechender Gestalten der neuern Geschichte erinnern, eines Richelieu, Cromwell, Friedrichs des Großen, Napoleons, Bismarcks, um von Lebenden zu schweigen. Gewiß ist ihr Leben mit schwersten Kämpfen erfüllt und steht, wenn die Waffen des blutigen Kriegs ruhen, unter den stärksten innen- und außenpolitischen Spannungen, aber ihre entscheidenden Taten gehören doch der Zeit an, wo sie in ihren Staaten die Macht in Händen halten, während Caesar gerade so weit kommt, mit der Dictatur auf Lebenszeit seine Herrschaft zu beginnen.

Angesichts dieser Sachlage ist es nicht so merkwürdig, daß die Caesarmörder dem Wahne verfielen, nach der Beseitigung des Herrschers würde die alte Republik wieder auferstehen, und keine weitern Vorbereitungen zur Übernahme der politischen Leitung trafen. Äußerlich betrachtet hatte die neue Regierungsform noch so wenig Wurzel geschlagen, daß die alte Verfassung nun wieder wie zuvor den gewohnten Geschäftsgang regeln mochte. Schon die nächsten Tage erwiesen diese Meinung freilich als furchtbare Täuschung, die das Reich mit neuen, sich 14 Jahre hindurch in grauenvollem Blutvergießen austobenden Bürgerkriegswirren bezahlen mußte.

Als Sieger ging daraus hervor der von Caesar durch Adoption zu seinem Nachfolger bestimmte Großneffe C. Octavius, als Caesar Augustus nunmehr der Herrscher des Weltreichs und Begründer des römischen Kaisertums, dessen Nachfolger mit diesen beiden Namen ihre Würde bezeichneten, und Kaiser und Zar trugen das cognomen der gens Julia als Inbegriff der höchsten Macht noch durch die spätern Jahrhunderte. Doch diese Wirkung ging aus vom Kaiser Augustus, nicht unmittelbar vom Dictator Caesar. Das wird sofort klar, wenn wir uns vorstellen, daß statt Octavians M. Antonius gesiegt hätte. Darüber besteht freilich kein Zweifel, daß der alte Caesar zu den Großen der römischen Geschichte gehört. Anderthalb Jahrzehnte sind von seinen Taten erfüllt, und für uns desto eindrücklicher, weil er von allen römischen Staatsmännern der bestbekannte ist, spricht er doch noch selbst zu uns durch die meisterhafte Darstellung seiner Kriege und weht uns aus manchem Zeugnis seiner Zeitgenossen Cicero und Sallust der Atem seiner mächtigen Persönlichkeit entgegen. Aber die vorhin angestellten Erwägungen lassen doch die Frage zu, ob ihm deswegen eine weltgeschichtliche Bedeutung zukommt, die ihn aus dem Rahmen der römischen Gesamtgeschichte heraushebt, ihn über die Scipionen, Gracchen, Sulla, Pompejus stellt und ihn Alexander gleichsetzt. Dem Leser von Mommsens „Römischer Geschichte" erscheint er allerdings als der Begründer und zugleich schon Vollender des Kaiserreichs. Aber das ist eine der dichterischen Freiheiten, an denen dieses geniale Jugendwerk so reich ist, wie jeder Quellenkundige weiß.

Der Unterschied gegenüber Alexander wurde schon gekennzeichnet. Handelte es sich dort um die Eroberung und Organisation eines Weltreichs, so ging es hier um die Machtergreifung in einem bereits bestehenden Reich. Ihm hat Caesar mit Gallien ein strategisch unentbehrliches und wegen seiner Volkskraft und seines natürlichen Reichtums wertvolles, großes Land zugebracht. Diese Eroberung war ein Ereignis von weltgeschichtlichen Folgen, da sie den Grund legte zur Romanisierung Frankreichs und dessen nationale Geschichte bis heute bestimmte. Sie war aber auch eine militärische Großtat, die allein schon Caesar einen Platz unter den großen Feldherrn aller Zeiten anweist. Man verkleinert sie, wenn man sie mit Kolonialkriegen der Neuzeit vergleicht. Die Kelten und Germanen waren keine „Eingeborenen", die mit Pfeilen gegen Feuerwaffen kämpften, sie hatten im Gegenteil früher schon römische Heere geschlagen, und nur Caesars Genie und der soldatische Geist, den er seinen Legionen einhauchte, haben ähnliche Katastrophen verhütet. Die politische Zersplitterung der Kelten kam Caesar wohl zu statten, aber man darf nicht vergessen, daß er 52 vor Alesia dem Ansturm einer vielfachen Übermacht der geeinigten Gesamtnation standhielt und damit den Endsieg entschied.

Dieser Erfolg ist noch höher zu bewerten, weil Caesar den Krieg eigentlich nicht im staatlichen Auftrag führte, so daß ihm die Gegner in Rom die eigenwillige Ausdeutung seiner Vollmachten bestritten und er ebenso viel Willenskraft aufwenden mußte zur Bändigung dieser Widerstände wie zur Bewältigung der bewaffneten Feinde. An solchem Widerstand war vor einem Jahrzehnt (68) L. Lucullus gescheitert und hatte den Ruhm, als Besieger des Mithradates und Tigranes heimzukehren, dem Pompejus überlassen müssen. Aber diesem erging es auch nicht besser. Als er in Rom beim Senat um Bestätigung der Ordnungen, die er den neugewonnenen Provinzen Bithynien, Pontus und Syrien gegeben hatte, nachsuchte, wurde sie ihm verweigert. Er, der sich gern als zweiten Alexander feiern ließ und den Beinamen Magnus trug, stand dem politischen Getriebe in der Curie und auf dem Forum hilflos gegenüber und hatte doch geglaubt, nunmehr als der erste der Senatoren die Staatsgeschäfte nach seinem Willen lenken zu können.

Für die römischen Zeitgenossen waren Lucullus und Pompejus politische Antipoden, Optimat der eine, der andere damals im Fahrwasser der popularen Richtung, Lucullus hatte seinen Auftrag vom Senat, Pompejus seine viel weiter gehende Vollmacht durch Volksbeschluß empfangen. Wenn sie trotz diesem Unterschied schließlich so ähnliche Schicksale erlitten, so lag es zum Teil an ihrer politischen Ungeschicklichkeit, noch mehr aber an den verworrenen Verhältnissen des römischen Reichsregiments. Eben darum war eine Machtergreifung, wie sie nachmals Caesar vollzog, eine politische Notwendigkeit. Der Verlauf dieses Unternehmens, das zuletzt auf eine neue Eroberung des Reichs hinauskam, gibt uns aber zugleich auch eine Vorstellung von den ungeheuren Schwierigkeiten, die zu überwinden waren. Wir wissen aus eigenem Erleben, daß auch geschichtliche Ereignisse größten Ausmaßes der rückschauenden Betrachtung als einfacher, sozusagen mit selbstverständlicher

Folgerichtigkeit abrollend erscheinen. So läßt sich auch die Geschichte Caesars in monumentaler Kürze erzählen. Aber die tiefere Würdigung geschichtlicher Größe erschließt uns erst der Einblick in den „sausenden Webstuhl der Zeit", soweit das uns Menschen vergönnt ist. Darum können wir uns der Mühe nicht entschlagen, uns wenigstens in großen Zügen mit den Elementen der damaligen römischen Politik bekannt zu machen.

Lucullus führt uns zurück auf Sullas Versuch, die römische Staatskrise zu heilen. Dieser zielte darauf, die geschichtlich gewordene, jedoch nur auf gewohnheitsrechtlicher Praxis beruhende und seit dem letzten halben Jahrhundert schwer erschütterte Senatsoligarchie durch eine gesetzlich gegründete Verfassung zu befestigen. Man sollte nicht verkennen, daß er in dieser konservativen Haltung einem tief eingewurzelten Bedürfnis des römischen Volkscharakters entsprach. Die breite Masse der Bürgerschaft war daran gewöhnt, das Regieren den alten Herrengeschlechtern, der Nobilität zu überlassen. Außerdem war der Aufstieg in den Kreis der Regenten grundsätzlich keinem verschlossen, der vermöglich genug war, sich ohne Gehalt als Magistrat und weiter als Berufspolitiker im Senat zu betätigen. Die Nobilität war also keineswegs eine geschlossene Kaste, sondern ergänzte sich durch sogenannte Neulinge, homines novi. Zur Nobilität im eigentlichen Sinn rechnete man freilich nur die Nachkommen von Consuln, und, da es deren höchster Ehrgeiz war, die Consulate womöglich mit ihren Angehörigen zu besetzen, blieb es tatsächlich eine große Seltenheit, daß ein Außenseiter in diese oberste Schicht des Senatorenstands einzudringen vermochte. Wichtiger als das Consulat selbst war der Rang, den der Consular für Lebenszeit im Senat einnahm. Denn dort wurde in der Reihenfolge der Ämterstufen gesprochen, so daß die Consulare immer zuerst aufgerufen wurden und sich von den übrigen Senatoren als die anerkannten Staatshäupter (principes civitatis) von fürstlichem Ansehen abhoben. Demgemäß kann man das Senatsregiment geradezu als Nobilitätsoligarchie bezeichnen. Aber da man durch Volkswahl in die Ämter und dadurch in den Senat gelangte, war wenigstens dafür gesorgt, daß die Nobilität die Verbindung mit den einfachen Bürgern pflegen mußte. Dies geschah vor allem in der althergebrachten Form der Clientel, eines Treuverhältnisses, das den vornehmen Herrn als Patron verpflichtete, sich nach Kräften der Interessen derer anzunehmen, die sich ihm als Gefolgschaft für die Wahlen und Abstimmungen anschlossen. Diese Beziehungen durchdrangen das ganze politische Leben, und in ihnen lag die geheimnisvolle Macht der Oligarchie, die auch Caesar noch nicht ganz zu brechen vermochte.

Sulla hatte seine politischen Gegner niedergeworfen, indem er sich an die Spitze der Nobilität stellte, die ihm aus ganz Italien ihre Clienten zuführte, und so ist begreiflich, daß er seine Diktatur in den Dienst ihrer Herrschaft stellte. Wenn Caesar ihn später einen Analphabeten nannte, weil er die Diktatur niederlegte, darf der Historiker nicht übersehen, daß Sulla sie mit dem ausdrücklichen Auftrag übernahm, die staatliche Ordnung wieder aufzurichten, und gar nicht die Macht besessen hätte, sie gegen den Willen seiner Helfer fortzuführen. Denn der fürchterliche Terror seiner Proskriptionen vermochte nicht einmal die alten popularen Gegner niederzuhalten, und nur sein plötzlicher Tod (78) ersparte ihm, im Wiederausbruch der Revolution in Italien und Spanien den Fehlschlag seiner Politik mitansehen zu müssen.

Die Erhebung in Italien ging aus von dem nach Zehntausenden zählenden Teil der italischen Bevölkerung, der zugunsten von Sullas Veteranen enteignet worden war. Wenn sie auch im Jahre 77 mit Waffengewalt niedergeworfen wurde, glomm doch die soziale Krise unter der nur scheinbar beruhigten Oberfläche weiter und hielt die besitzenden Klassen in beständiger Unruhe. Der berühmte Putschversuch Catilinas (63) zog aus diesen Mißständen seine gefährlichste Stoßkraft. Noch viel größere Mühe kostete es, den in Spanien von Q. Sertorius geführten Aufstand zu bewältigen. Sertorius wollte wie Sulla von der Provinz aus Rom zurückerobern. Aber während dieser und später Caesar mit den römischen Truppen ihrer Provinzen operierten, stützte sich Sertorius vor allem auf die Spanier, wodurch die von ihm entfesselte Bewegung geradezu den Charakter einer gegen die römische Herrschaft gerichteten Rebellion annahm, obwohl das seinem eigentlichen Ziel keineswegs entsprach. Von Rom aus gesehen bedeutete natürlich die Losreißung von zwei der wichtigsten Provinzen den Anfang zum Zusammenbruch des Reichs, und desto mehr, weil schon 75 Mithradates mit Sertorius verhandelte und im nächsten Jahr tatsächlich wieder den Krieg begann, und da wußte man vom vorigenmal zur Genüge, daß dieser unermüdliche Kämpfer nichts Geringeres plante, als den ganzen griechisch sprechenden Osten den verhaßten Römern wieder abzunehmen.

In solcher Sturmzeit traten die Unzulänglichkeiten des sullanischen Systems besonders grell in Erscheinung. Da es die entscheidenden politischen Entschließungen in die mehrhundertköpfige Körperschaft des Senats verlegte, pflog man langwierige Beratungen, wo rasches Handeln nottat, und, da es das Aufkommen überragender Persönlichkeiten erschweren sollte, hielt man bei den in Rom und in der Reichsverwaltung tätigen Magistraten auf genau geregelte Ämterfolge und kurzbefristete Amtsdauer, während die großen kriegerischen Aufgaben der Reichspolitik Betrauung der Tüchtigsten mit weitgehenden Vollmachten erheischten. Das war eine Regierungsweise, die sich in der Zeit bewährte, als Rom erst an der Spitze der verbündeten italischen Gemeinden stand, die aber den Bedürfnissen eines über das ganze Mittelmeergebiet ausgebreiteten Provinzialreichs nur noch mühsam genügte.

Hier gelangen wir überhaupt zur letzten Ursache des Übels, das nun schon seit Jahrzehnten das Gesamtgefüge des Reichs bis in die Tiefe zerrüttete: Solange das Reich nur Italien umfaßte, war es ein föderatives Gebilde, worin mehr als 100 italische Gemeinden so an den Führerstaat Rom angegliedert waren, daß sie für die eigenen Angelegenheiten ihre volle Selbstverwaltung behielten, gegen außen aber der römischen Kriegshoheit unterstanden. Die auswärtige Politik war Rom allein vorbehalten, und in jedem Krieg, den Rom führte, hatten sie die vereinbarten Kontingente zu stellen. Dank diesem Föderativsystem wurde Rom die stärkste Militärmacht der antiken Welt. Aber trotz dieser ungeheuren Machtzunahme blieb das Wesen des römischen Gemeindestaats unverändert. Nur hatten die Gemeindebeamten und der Gemeinderat die Aufgaben der auswärtigen Politik, wie sie sich einer Großmacht stellten, wahrzunehmen, und, weil die jährlich wechselnden Magistrate dafür weniger geeignet waren, verlagerte sich das Gewicht der politischen Entscheidung in den Senat, was der römischen Verfassung jene ausgesprochen oligarchischen Züge aufprägte, um deren Befestigung sich Sulla bemühte.

Schon vor Sulla bestand der Senat aus 2—300 Mitgliedern. Seine Aufgabe war von jeher, die Magistrate in ihrer Geschäftsführung zu beraten. Die Epoche des vollendeten Senatsregiments brachte nun aber die Praxis hervor, daß schlechthin alle politischen Fragen, waren es nun Gemeinedangelegenheiten oder die Verhältnisse der verbündeten Staaten und die Beziehungen zu auswärtigen Mächten, vor dieser großen Versammlung verhandelt wurden. Jede Gesandtschaft wurde vor den Senat geführt und erhielt von ihm Bescheid über alle Einzelheiten ihres Anliegens. Die Römische Republik kannte weder Ministerien noch irgendwelche bureaukratischen Einrichtungen, wie sie in modernen Großstaaten selbstverständilch erscheinen. Und dabei war der Senat keineswegs das Organ, das politische Pläne entwerfen und durchführen konnte. Denn er trat nur in Tätigkeit, wenn er von den zuständigen Magistraten berufen wurde, und beriet nur über die Gegenstände, die ihm von diesen vorgelegt wurden.

Allein diese Mängel kamen den Römern nicht zum Bewußtsein, weil der Senat im Jahrhundert der Auseinandersetzung mit Karthago und den hellenistischen Großmächten sich den an ihn gestellten Anforderungen durchaus gewachsen zeigte. In den gewaltigen Kriegen um die Großmachtstellung in der

Mittelmeerwelt bewährte er sich als der unerschütterliche Hort römischer Festigkeit und Hartnäckigkeit (constantia, pertinacia). Aber, als nun nach den Siegen Karthago und Makedonien vernichtet waren, ihre Gebiete Rom als Beute zufielen, entstand das römische Provinzialreich, und darüber hinaus rief die neue Weltlage Rom auf, an Stelle der zerstörten alten Mächtegruppierung eine neue Ordnung zu schaffen, die, wie bisher die Völker Italiens so jetzt den gesamten Länderkreis um das Mittelmeer unter Roms Führung zu einem gedeihlichen Dasein vereinigte. Es fehlte im Senat nicht an einsichtigen Staatsmännern, die empfanden, daß man nun von der Kriegspolitik fortschreiten sollte zur Sicherung eines wahren Friedenszustandes, in dem sich auch die Beherrschten wohl genug fühlten, um sich über den Verlust der frühern Selbständigkeit zu trösten. Natürlich lag das auch im eigensten Interesse der Römer, deren militärische Kraft unter der dauernden Anspannung sichtlich zu sinken begann und kaum ausreichte, die als Provinzen angegliederten Länder zu behaupten.

Indessen an diesem Wendepunkt der römischen Geschichte versagte der Senat im ganzen und wir können hinzufügen: er mußte versagen, weil er im Drang der laufenden Geschäfte gar nie die Zeit fand zu grundsätzlicher Besinnung. Wo nicht unmittelbar drohende Gefahr zu energischen Entschlüssen antrieb, gaben Routine und oft genug Schlendrian den Ton an, wogegen die warnende Stimme des Einzelnen nicht aufkam. Nach der zeitgenössischen Überlieferung hätte dabei auch der moralische Niedergang der römischen Oberschicht bedeutend mitgewirkt. Daran ist sicher richtig, daß der Einstrom der hellenistischen Zivilisation und die Entfaltung eines grand-seigneurialen Lebensstils bei der Nobilität diesem Zeitalter ein vom Bild nüchtern-sparsamen und bürgerlich-ehrbaren Altrömertums stark abweichendes Gesicht gaben und daß auf allen Gebieten des öffentlichen Lebens eine abstoßende Korruption um sich griff. Aber, ob die alten Herren aus der Kampfzeit des vorigen Jahrhunderts mehr Verständnis aufgebracht hätten für die große Ordnungsaufgabe, scheint mir fraglich. Denn abgesehen von der technischen Unzulänglichkeit des Senatsregiments war die politische Grundrichtung der Nobilität von jeher konservativ. Darum blieb man immer im gemeindestaatlichen Denken stecken und begnügte sich beim Ausbau der Verfassung mit dem Allernotwendigsten.

Mit solcher Geschäftsführung trieb nun aber die Römische Republik in eine lebensgefährliche Krise. Wir brauchen auf die einzelnen Symptome nicht einzugehen, da sie an den aus dem sullanischen System hervorbrechenden Nöten schon aufgezeigt wurden. Erstaunlich ist nur, daß ein genialischer Kopf wie Sulla mit seiner Methode die bresthafte res publica zu heilen hoffte. Wir sehen daran, daß er die Reichskrise überhaupt nicht erkannte. Das war nun aber keineswegs ein persönlicher Irrtum, sondern auch allen seinen Zeitgenossen war diese eigentliche Krise verdeckt durch die seit einigen Jahrzehnten im gemeindestaatlichen Raum spielenden Parteikämpfe. Diese hingen mit der allgemeinen Krise zusammen, insofern die kriegerische Überanstrengung der Bürgerschaft am schwersten die bäuerliche Bevölkerung getroffen hatte und gleichzeitig das Massenangebot billiger Beutesklaven die Ausbreitung der Gutsbetriebe mit unfreien Arbeitskräften begünstigte. Wiederum wäre es Sache des Senats gewesen, diese Entwicklung in gesunde Bahn zu lenken. Daß er auch hier versagte, löste aber naturgemäß eine viel raschere Reaktion aus, weil es der römischen Verfassung nicht an Handhaben fehlte, die Bürgerschaft gegen solche Fahrlässigkeit zu schützen.

Es waren die beiden Gracchen, welche die Selbstzufriedenheit des Senats zum erstenmal in Unruhe versetzten. Als nämlich 133 der ältere von ihnen bei der hohen Körperschaft für seinen sozialpolitisch wohlbegründeten Plan einer Agrarreform kein Verständnis fand, spielte er gegen sie die staatsrechtlich nicht anzufechtende übergeordnete Gewalt der Volksversammlung aus. Er schlug damit in der Politik einen neuen Weg ein, die popularis via (den Weg über die Volksversammlung), der dann wie von seinem Bruder auch von andern beschritten wurde, um mit den Mitteln des Volksgesetzes den Widerstand des Senats niederzuzwingen. Was die Gegner solcher popularer Methode, die sich als die Verteidiger der überkommenen Aristokratie, lateinisch optimates, fühlten, daran besonders aufbrachte, war der Umstand, daß einer aus ihrem Kreis ihnen durch demagogische Künste ihre Clienten abspenstig machte und sie ihres Einflusses auf das Volk beraubte. Man muß sich dabei vor Augen halten, welch entartetes Gebilde die römische Voksversammlung damals war. Daran, daß darin die Stimme des Volks ungetrübt zum Ausdruck kam, war schon längst nicht mehr zu denken: Das Gebiet des römischen Gemeindestaats erstreckte sich über alle Teile Italiens, die Abstimmungen dagegen fanden nur in Rom statt, so daß sich praktisch nur die dort und in der nähern Umgebung Wohnhaften daran beteiligen konnten. Unter ihnen überwogen die Besitzlosen, ein Zustand, der im Lauf des 2. Jahrhunderts stets sichtbarer wurde, wo die Latifundienwirtschaft immer mehr Bauern in die Stadt trieb. Das war ja der Schaden, dem Tib. Gracchus abhelfen wollte. Manchen Optimaten mag diese Entwicklung nicht unwillkommen gewesen sein, weil solche Elemente gefügige Clienten abgaben und feinerer und gröberer Wahlkorruption zugänglicher waren als die seßhaften Kleinbürger. Andrerseits wurde seit C. Gracchus die Verteilung verbilligten Getreides an die plebs urbana zu einem der wichtigsten Lockmittel popularer Politik, in seinen Auswirkungen nicht besser als der Stimmenfang der Optimaten. Dienen bei uns solche Maßnahmen dazu, die Leistungsfähigkeit der werktätigen Volksgenossen zu erhalten und zu steigern, so sollte in Rom gerade die Lebensfristung ohne Arbeit erleichtert werden. Auch bestritt man die Kosten nicht aus Steuern der wohlhabenden Bürgerschaft, sondern aus den Einkünften, welche die Untertanen in den Provinzen aufbrachten. Als Caesar Diktator wurde, war man schon längst bei der unentgeltlichen Abgabe angelangt, die Zahl dieser Getreideempfänger war auf 320000 angeschwollen. Caesar setzt sie auf 150000 herab und versorgte bis zu seinem Tod 80000 Bürger in Kolonien mit Grundbesitz!

Von der weitern Geschichte der Popularen sei nur mitgeteilt, daß die großen popularen Volkstribunen alle ein gewaltsames Ende fanden wie die Gracchen und daß der sullanische Bürgerkrieg damit begann, daß der vom Senat zur Führung des mithradatischen Kriegs bestimmte Konsul Sulla durch ein Plebiscit seines Kommandos enthoben und an seiner Stelle Marius beauftragt wurde. Darum war es eine der wichtigsten Maßnahmen Sullas, die gesetzgeberische Initiative des Volkstribunats unschädlich zu machen, indem sie an die vorangehende Zustimmung des Senats gebunden wurde. Dieser Versuch, die populare Politik auszuschalten, scheiterte freilich daran, daß sich der Senat die ihm zugedachte Autorität nicht zu verschaffen vermochte. Insonderheit versagte das System der ordentlichen Ämterbesetzung, weil es statt auf persönliche Eignung ausgerichtet war auf die Zufälligkeiten der Wahlerfolge und die dadurch bedingten senatorischen Rangstufen, das heißt, wo man einen kriegserfahrenen General brauchte, stellte man den Consul oder Proconsul hin, der gerade an der Reihe war.

Diese Gepflogenheit war althergebracht und hatte schon oft zur Folge gehabt, daß römische Kriege mit jämmerlichen Niederlagen begannen. Früher, im Zeitalter des Milizheeres, waren allerdings die Soldaten zuerst meist auch nicht besser als die Feldherrn. Jetzt aber, wo die Besatzungstruppen in den Provinzen aus langdienenden Berufssoldaten bestanden, bot sich häufig genug das seltsame Schauspiel, daß die Troupiers von militärischen Dilettanten oder gar ausgesprochen unsoldatischen Magistraten befehligt wurden. Bald zeigte sich auch, daß die Mattsetzung des Volkstribunats, die der Autorität des Senats zugute kommen sollte, diesen im Hochgefühl seiner Unverantwortlichkeit vielmehr zu einer fahrigen Geschäftsführung verleitete, wie sie bisher unerhört war. Klüngelwesen ist nun einmal von einer Oligarchie unzertrennlich. Aber in der alten Zeit waren seine Auswüchse eingedämmt worden durch die

Kontrolle der Tribunen. Die Rechenschaftsprozesse, in denen sie fehlbare Magistrate von der Plebejerversammlung aburteilen ließen, waren geradezu zur staatsrechtlichen Funktion dieses Beamtenkollegiums geworden. Doch jetzt führten im Senat routinierte Wichtigtuer ungestört das große Wort. Denn auch die Strafgerichtshöfe, denen Sulla die Verfolgung von Amtsvergehen wie Wählerbestechung, Erpressung in den Provinzen und Unterschlagungen übertragen hatte, setzten sich nur aus Senatoren zusammen, wodurch schlimmster Vettern- und Günstlingswirtschaft Tür und Tor geöffnet war. Nichts charakterisiert die Ziellosigkeit der Politik, wie sie von dieser Versammlung betrieben wurde, schärfer als der Sturz des Lucullus, dieses aufrichtigen Anhängers Sullas, der einem wohlberatenen Senat unschätzbar sein mußte, den er aber aus reinem Schlendrian einem popularen Anschlag preisgab.

In Spanien und Gallien standen zwei große Armeen gegen Sertorius im Feld, 73 brach in Italien der furchtbare Sklavenaufstand des Spartacus los und in Kleinasien war der große Krieg im Gange, den der alte Mithradates wohlgerüstet und mit haßerfüllter Energie zu Wasser und zu Lande führte. Diese Nöte erzwangen den Verzicht auf die sullanischen Grundsätze. Ohne Rücksicht auf die Ämterordnung mußte Cn. Pompejus gegen Lepidus und Sertorius mit umfassenden Sonderkommandos betraut werden, ebenso M. Crassus gegen Spartacus. Auch gegen Mithradates konnte nur diese Auskunft helfen, und da war wahrhaftig Lucullus, der sich schon im ersten Krieg unter Sulla ausgezeichnet hatte, der gegebene Anwärter, dazu noch der politisch unbedenklichste und im Jahr 74 Consul. Er behielt denn auch den Oberbefehl 7 Jahre lang, in denen es ihm gelang, das ganze angestammte Königreich des Mithradates im nördlichen Kleinasien zu erobern, und er war schon im Begriff auch den Feldzug gegen Mithradats Schwiegersohn, Tigranes von Armenien siegreich zu beenden, als er 67, schon durch Meuterei seines Heeres, die von Rom aus angezettelt war, schwer erschüttert, durch Plebiscit abberufen wurde.

Wie konnte es dahin kommen? Ausgerechnet die beiden ehemaligen Sullaner Pompejus und Crassus haben in ihrem Consulat vom Jahre 70 das Volkstribunat wieder in den Sattel gehoben, und zwar blieb das ihre einzige gemeinsame Handlung, weil Crassus im Kollegen den jüngern aber ungleich erfolgreicheren Nebenbuhler haßte. Beide wurden von Sulla in seiner letzten Zeit beiseite geschoben und gehörten darum nicht zu den Hütern seines Systems, wurden dann aber wegen ihrer militärischen Fähigkeiten notgedrungen gebraucht und konnten nach der siegreichen Erledigung ihrer Aufträge nicht daran gehindert werden, nach dem obersten Staatsamt zu greifen, das in starken Händen noch immer große Möglichkeiten bot. Den Gewinn trug allein Pompejus davon. Er war kein popularis im herkömmlichen Sinn, denn die demagogische Ader fehlte ihm gänzlich. Aber er wußte natürlich, mit welchem Haß das Straßenvolk die Verstümmelung seines alten Rechts betrachtete. Seit dem Bestehen der neuen Ordnung wurde unermüdlich dagegen Sturm gelaufen, und die Überzeugung, daß es mit der Allmacht des Senats nicht weitergehen könne, war auch bis in die Optimatenkreise hinein verbreitet. Dem Pompejus gab die Wiederherstellung des Tribunats in seiner alten Machtfülle freie Bahn, seine hohe militärische und organisatorische Begabung in weitern großen Unternehmungen zu entfalten. Plebiscite übertrugen ihm nun die Aufgabe, zuerst das Mittelmeer von der Seeräuberplage zu reinigen und dann auch den mithradatischen Krieg zu Ende zu führen.

Als er im September 61 triumphierte, brauchte er zwei Tage, um die Größe seiner Erfolge darzustellen. Außer den neuen Provinzen wurden durch ihn noch zahllose Fürsten und Gemeinden Kleinasiens und Syriens als Verbündete dem Reich einverleibt, die alle in ihm ihren Patron verehrten und seinen Namen mit einem Prestige umgaben, wie es noch nie ein Römer besessen hatte. Als den ersten Mann aller Völker, aller Zeiten und der ganzen Geschichte konnte ihn Cicero rühmen.

Welch furchtbare Enttäuschung mußte er nun aber erleben, als ihn die Senatoren in Rom plötzlich wieder als ihresgleichen behandelten und in eine nüchterne Nachprüfung all dessen eintraten, was er in diesen Jahren im Osten als unumschränkt waltender Machthaber verordnet und versprochen hatte! Hier ging es zum erstenmal um die Reichskrise. Der Gegensatz von optimatisch und popular spielte nur noch scheinbar eine Rolle. Denn die populare Hetze gegen Lucullus hatte sich ebenfalls gegen die unrepublikanisch lange Dauer und Machtfülle seines Kommandos gerichtet. Pompejus hatte in der kurzen Zeit, da ihm freie Hand gelassen wurde, die zerrütteten Verhältnisse der östlichen Reichshälfte, die seit einem Jahrhundert wie ein unheilbares Krebsgeschwür am Körper des Reichs zehrten, in eine den römischen Interessen vorteilhafte und zugleich für die Betroffenen befriedigende Ordnung gebracht und damit die Zweckmäßigkeit des von einer starken Einzelpersönlichkeit gehandhabten Reichsregiments bewiesen. Dagegen erhoben sich gerade wie im Fall des Lucullus die Verteidiger der republikanischen Überlieferungen unter Berufung auf den Grundsatz, daß die Herrschaftsgewalt des römischen Volks, das imperium populi Romani, nur vertreten werden könne durch die alljährlich neubestellten Magistrate und gelenkt werden müsse durch Beschlüsse, die in gemeinsamer Beratung aller am Regiment Beteiligten zustande kamen. Die Stärke dieser Opposition lag darin, daß sie von einem Herrenstand getragen wurde, der zwar zu schöpferischen Taten nicht mehr fähig war, der sich jedoch instinktiv gegen jeden Anspruch eines Einzelnen auf höhere Geltung zusammenschloß, weil er dadurch seine Macht und Freiheit bedroht fühlte. In seinen edelsten Vertretern wirkte überdies die ehrliche Überzeugung, daß die große Geschichte des römischen Volks dieser Verfassung verdankt werde. Wenn sie in der Gegenwart versagte, so lag das, wie sie glaubten, nicht an ihr, sondern an den Männern, die sie nicht mehr im ursprünglichen Sinn handhabten. Es genüge, zur gesunden Moral der Väter zurückzukehren, so würde sie auch wieder die alten Vorzüge bewähren.

Die Auseinandersetzung mit Pompejus wurde freilich keineswegs mit der dramatischen Anschaulichkeit des Prinzipienkampfs geführt, sondern seine Lage gestaltete sich dadurch geradezu kläglich, daß man seine Forderungen unerledigt liegen ließ und er, selbst ungewandt in der senatorischen Geschäftsführung und ebenso ungeschickt in der Auswahl seiner Helfer, sich auch nicht mit popularen Kampfmitteln durchzusetzen vermochte.

An diesem Punkt der Entwicklung trat Caesar in die große Politik ein. Sechs Jahre jünger als Pompejus hatte er erst seit kurzem auf dem Vordergrund der politischen Bühne Proben seiner ungewöhnlichen, von unbändigem Ehrgeiz beflügelten Fähigkeiten abgelegt und war nun im Alter, daß er nach den Regeln des Gesetzes im Jahr 59 Consul werden konnte. Nach Herkunft Patricier, dem römischen Uradel zugehörig, war er wegen der Familienverbindung mit Marius schon jung in den Strudel der sullanischen Ausrottungsaktion geraten aber ihr glücklich entronnen. Damit war über sein Verhältnis zum sullanischen System von vorneherein entschieden. Aber sicherlich hätte er sich ohne dieses persönliche Erlebnis so wenig wie Pompejus den Standesvorurteilen der restaurierten Optimatenoligarchie eingefügt. Schon bei seiner ersten militärischen Betätigung zeichnete er sich als schneidiger Offizier aus und galt seit seinem öffentlichen Auftreten als ein Meister der Redekunst. Obwohl er als unentwegter popularis jede Gelegenheit benutzte, die Oligarchie anzugreifen, gelang es den Gegnern nie, ihn zu Fall zu bringen, weil er sich von den üblichen tagespolitischen Händeln mit angeborener Vornehmheit zurückhielt, dort aber, wo er sich persönlich einsetzte, den Beifall des Straßenvolks für sich hatte und überdies so überraschend und mit überlegener Schlagfertigkeit handelte, daß sich ihm Niemand gewachsen fühlte.

Nachdem kürzlich Cicero bei der Unterdrückung Catilinas gezeigt hatte, was ein gewandter Consul noch immer bedeutete, war das desto mehr von Caesar zu erwarten, der sich soeben als

Statthalter im jenseitigen Spanien durch ebenso selbstherrliche als glänzende Kriegstaten hervorgetan hatte. Darum waren die Optimaten fest entschlossen, ihn möglichst kurz zu halten, falls er trotz allen Gegenbemühungen gewählt werden sollte. Vor allem hatte er in M. Cato einen unversöhnlichen Gegner. Die angeborene Energie dieses Urenkels des Censorius war geadelt durch unerschütterliches Vorleben der stoischen Pflichtenlehre, schon seit mehreren Jahren beobachtete er jeden Schritt Caesars mit hellsichtigem Hasse und war unermüdlich, die lässigeren Gesinnungsgenossen immer wieder zum Kampf gegen den Zerstörer der göttlichen und menschlichen Ordnung aufzurütteln.

Bei dieser Lage war gegeben, daß Caesar sich mit Pompejus zusammenfand. Es ist unwahrscheinlich, daß sie sich bisher anders als oberflächlich kannten. Nur ist bemerkenswert, daß sich Caesar 67 und 66 für die großen militärischen Vollmachten des Pompejus eingesetzt hatte, und wir dürfen ihm schon zutrauen, daß er das nicht nur tat, weil es in der Linie der popularen Politik lag, daß er auch sachlich hierin die einzige Möglichkeit sah, die imperialen Aufgaben der römischen Politik zu lösen. Jedenfalls war er fest entschlossen, sich selbst ein entsprechendes Kommando zu verschaffen, und dies sollte der Kaufpreis sein, den Pompejus für seine Hilfe zu zahlen hatte. Doch war klar, daß dieser Plan auf den stärksten Widerstand der Optimaten stoßen würde, hatten sie doch bereits für alle Fälle einen Senatsbeschluß herbeigeführt, der den künftigen Consuln von 59 im Jahr 58 statt der üblichen Statthalterschaft ein geringfügiges Geschäft in Italien zuwies. Überdies bestand auch kein dringendes Bedürfnis nach einem Sonderkommando, wie es die Seeräuberplage und der mithradatische Krieg im Falle des Pompejus dargeboten hatte. Aus beiden Gründen konnte Caesar sein Ziel nur erreichen, wenn er die Regierungsgewalt ganz fest in die Hand bekam. Die Wünsche des Pompejus zu befriedigen, war verhältnismäßig leicht, weil die Landversorgung der Veteranen und die Anerkennung der Ordnungen in den neu eroberten Provinzen Notwendigkeiten waren, die sich auf die Dauer nicht aufhalten ließen. Aber für bloßen Handlangerdienst war Caesar nicht zu haben. Folglich galt es, eine Machtgrundlage zu finden, welche eine gänzliche Umlagerung der bisherigen Kräfteverteilung ermöglichte. Denn das hatten die jüngsten Ereignisse gelehrt, daß ungeachtet der wiedergewonnenen Bewegungsfreiheit zu popularen Aktionen die Optimaten mit ihren Clientelen noch immer am stärkeren Hebel saßen. Die sichtbaren Organe der Verfassung, die Magistrate, die Volksversammlungen und der Senat wurden tatsächlich wie seit Alters durch eine kleine Gruppe vornehmer Herren gelenkt, der factio paucorum, wie Caesar zu sagen pflegte.

Dieses System konnte nur durch ein Gebilde ähnlicher Art aus den Angeln gehoben werden. Nun war Pompejus als der größte Patron schon für sich eine Macht, ebenso verfügte Caesar über eine ansehnliche populare Clientel, aber es blieb trotzdem unsicher, ob mit diesen Mitteln der Kampf entschieden werden konnte, weil damals der alte Feind des Pompejus, M. Crassus, die Reihen der Optimaten verstärkte. Dieser reichste Mann Roms besaß gewaltigen Einfluß und hatte auch nicht wenig zum bisherigen Mißgeschick des Pompejus beigetragen. Gelang es, ihn von seinen jetzigen Verbündeten zu lösen, so war die entscheidende Gewichtsverschiebung erreicht. Das war nun freilich bei der tief eingewurzelten Abneigung der beiden Rivalen keine leichte Sache. Allein, da war eben Caesar der beste Vermittler, weil er in den letzten Jahren Crassus mehrfach unterstützt hatte und von ihm wiederum aus peinlicher Geldverlegenheit befreit worden war. Wirklich brachte er denn auch den berühmten Geheimbund zustande, worin sich die drei eidlich verpflichteten, in der Politik nichts zu unternehmen, was einer von ihnen mißbilligte. Man merkt dieser Formel an, welche Mühe sie ihrem Urheber gekostet haben mag. Äußerlich war Caesar neben den beiden anerkannten principes der Anfänger, aber als Consul fiel ihm die Ausführung der gemeinsamen Pläne zu, und da er ihnen zudem an geistiger Begabung und politischer Gewandtheit weit überlegen war, die Leitung überhaupt.

Der Beitritt des Crassus gewährte ihm eine sehr erwünschte Stärkung gegenüber Pompejus.

So trat denn Caesar in dem denkwürdigen Jahr 59 sein Consulat unter Bedingungen an, wie sie noch nie einem Consul der Republik zu Gebote gestanden hatten. Der Verlauf zeigte, daß mit Hilfe der neuen Machtgruppierung das ganze vereinbarte Programm verwirklicht werden konnte. Die Forderungen von Pompejus und Crassus wurden erfüllt, Caesar selbst erhielt durch Plebiscit das diesseitige Gallien (Oberitalien) samt Illyricum (an der Ostküste der Adria) für 5 Jahre, dann vom Senat noch das jenseitige Gallien (Südfrankreich). Die Fortsetzung der Dreibundspolitik für das nächste Jahr schien gesichert, indem Caesars Schwiegervater und ein bewährter Gefolgsmann des Pompejus das Consulat übernahmen. Als Volkstribun stand der verwegene Demagoge P. Clodius zur Verfügung. Zwei Agrargesetze schufen den Rahmen für eine großartige Siedlungspolitik in Italien, die den Veteranen des Pompejus und dem verarmten Stadtvolk zugute kam. Ein weiteres Gesetz regelte die strafrechtliche Verfolgung fehlbarer Magistrate neu, im Sinne einer verschärften Kontrolle über die von der Oligarchie oft so schamlos mißbrauchte Reichsverwaltung. Alte Versäumnisse wurden so mit wenigen Schlägen in einem bisher unerhörten Tempo nachgeholt.

Indessen, diese glänzenden Erfolge hatten ihre Kehrseite. Wohl versuchte Caesar anfänglich den Senat für seine Pläne zu gewinnen. Er scheiterte an der schroffen Ablehnung durch die optimatische Mehrheit, die sich dabei aller erdenklichen Mittel der Obstruktion — und die römische Verfassung bot dazu nur allzu viele Möglichkeiten — bediente. So blieb Caesar nichts übrig, als zu Gewalt und Terror zu greifen. Die Gegner, die von ihrem verfassungsmäßigen Recht, in der Öffentlichkeit seinen Gesetzesvorschlägen zu widerraten, Gebrauch machen wollten, wurden tumultuarisch vom Forum vertrieben, sein Mitconsul M. Bibulus, der ebenso verfassungsmäßig dagegen Einspruch erhob, dermaßen mißhandelt, daß er sich nach 4 Monaten in sein Haus zurückzog.

Das waren Vorgänge, wie sie früher den berühmten popularen Tribunen das Leben gekostet hatten. Dagegen war Caesar durch die geschlossene Anhängerschaft des Dreibunds, worin die im buchstäblichen Sinn schlagfertigen Veteranen des Pompejus die Hauptrolle spielten, gesichert, geriet aber in die fatale Lage, daß alle seine Gewaltakte staatsrechtlich anfechtbar waren, und noch gefährlicher war, daß in den dauernden Kämpfen die Festigkeit des Dreibunds auf eine harte Probe gestellt wurde. Die optimatischen Gegner sahen natürlich in Pompejus den eigentlich Schuldigen und vergalten ihm mit einer Flut von Beschimpfungen, Spott und Verachtung. Das brutale Possenspiel, das mit den ehrwürdigen Bräuchen der Verfassung getrieben wurde, erregte die römischen Gemüter tief. Es war Tyrannis (regnum, dominatus), die Vernichtung der bürgerlichen Freiheit, die den höchsten Ruhmestitel der res publica populi Romani bildete, und so fand die optimatische Gegenagitation bei allen möglichen Gelegenheiten ein lautes Echo. Solche Behandlung war Pompejus nicht gewöhnt, und anders als Caesar wollte er es keineswegs bis zum offenen Bruch mit den Optimaten kommen lassen. Was er im innersten wünschte, war im Gegenteil, von ihnen als Führer anerkannt zu werden. Wir wissen durch Cicero, daß er die Verantwortlichkeit für den Terror ablehnte. Die hier aufsteigende Gefahr bannte jedoch Caesar, indem er ihm seine einzige Tochter vermählte, und da Julia offenbar gerade die bestrickende Liebenswürdigkeit ihres Vaters geerbt hatte, wurde die Ehe glücklich und leistete dem politischen Bündnis gute Dienste.

Die feindliche Geschichtsschreibung behauptete später, Caesar habe von jeher die Alleinherrschaft an sich reißen wollen. Mir scheint, daß er mit der neuen Familienverbindung ein aufrichtig gemeintes Vertrauensverhältnis zu begründen gedachte. Denn, da er im nächsten Jahr Rom verlassen wollte, war er noch mehr als bisher auf den Dreibund angewiesen. Sobald er sein Consulat abgegeben hatte und vor Übernahme des Kommandos noch einige Tage in Rom weilte, versuchte man gegen ihn vorzugehen: Der Senat sollte alle seine Amtshandlungen außer Kraft setzen. Ein Volkstribun lud ihn wegen Hochverrats vor das Volksgericht. Da der Senat sich zur Abgabe eines Urteils in der Streitfrage nicht bereit fand und die andern Volkstribunen erklärten, Caesar könne, solange er in amtlicher Stellung von Rom abwesend sei, nicht in Anklagezustand versetzt werden, wurde der Kampf nicht durchgefochten, und damit war dieser Angriff vorderhand abgeschlagen, der Streit aber auch nicht, wie Caesar gewünscht hatte, entschieden. Er mußte sein Proconsulat führen mit einer ungebrochenen Opposition im Rücken, gewiß nicht als ein Geächteter, wie seinerzeit Sulla, aber doch von Anfang an unter Verhältnissen, wie sie Lucullus am Ende seiner Tätigkeit um den Erfolg gebracht hatten, und es war die große Frage, ob das Einverständnis der drei Verbündeten auch fortdauern würde, wenn es Caesar nicht mehr durch persönliches Eingreifen lenkte. Deshalb war das verwandtschaftliche Nahverhältnis zu Pompejus von so großer politischer Bedeutung, wie ja derartige sozusagen dynastische Verbindungen von jeher in der Nobilität eine große Rolle spielten.

Wir mußten diese Schwierigkeiten genauer ins Auge fassen, um ganz zu verstehen, warum Caesar nach dem Consulat so dringend ein langfristiges Imperium brauchte, das ihm Gelegenheit zu großen Taten bot. Wenn seine optimatischen Zeitgenossen alle seine Handlungen nur aus Herrschsucht ableiten, so können wir das soweit gelten lassen, als er die Kraft in sich fühlte, die unhaltbar gewordenen Zustände zu meistern. Denn wir dürfen seiner wiederholten Versicherung glauben, daß es nicht seine Absicht war, dazu die alten Organe der Republik abzuschaffen. Wie er bei Antritt des Consulats den Senat zur Mitarbeit einlud, erklärte er 10 Jahre später, nach Ausbruch des Bürgerkriegs, nur dann nach eigenem Ermessen zu regieren, wenn sich der Senat der von ihm für notwendig erachteten Politik versage. So hatte er es auch schon im Consulat gehalten. Aber so viel er auch aus diesem auf ein Jahr befristeten Amt herauszuholen wußte, so legte die geltende Ämterordnung einer durchgreifenden Umstellung auf einen stetigen Kurs unübersteigliche Hindernisse in den Weg. Die Verständigung der drei mächtigsten Gefolgschaftsführer hatte wohl ein Jahr lang die Oligarchie in Schach gehalten, doch nur, weil gerade Caesar den Hebel der consularen Amtsgewalt in Händen hielt. Ohne Amt, nur mittelbar durch Gefolgsleute konnte auch das Genie eines Caesar nicht politisch führen, zumal er auch im Dreibund nicht mehr der Steuermann gewesen wäre. Ein zweites Consulat durfte er nach dem Gesetz erst wieder im Jahr 48 übernehmen. Das große Kommando deckte ihn, wie wir sahen gegen seine Feinde, eröffnete ihm selbstverständlich auch den Zugang zu einer seinen Fähigkeiten entsprechenden Wirksamkeit, und die Bemühung seiner scharfsichtigen Feinde, ihn von der üblichen Provinzialverwaltung auszusperren, verriet, daß sie sich bereits Sorgen machten über die Gefahr, die eine Armee in der Hand eines solchen Mannes bedeutete.

Diese Furcht war bei einer Generation, der die Schrecknisse der zehnjährigen Revolutionszeit in den Gliedern lagen, wohlbegründet. Zweimal war Sulla an der Spitze des siegreichen Heers in Rom einmarschiert und die Gegenpartei hatte dasselbe getan. Auch nach Sullas Sieg hatte man schon wiederholte Versuche dieser Art erlebt, und ein Ende war nicht abzusehen, weil die Voraussetzung dazu, die Armee von Berufssoldaten, nicht mehr zu beseitigen war. Die Notwendigkeit, die weitentlegenen Provinzen zu schützen, hatte diese Veränderung im Heerwesen nach sich gezogen. Während man früher mit Bürgeraufgeboten auskam, die nur für den Kriegsfall ausgehoben wurden, brauchte man jetzt Besatzungsheere. Zweifellos war es wieder eines der großen Versäumnisse der Oligarchie, diesem Bedürfnis nicht durch eine Reform abzuhelfen. Es sei nur daran erinnert, daß Tib. Gracchus nichts anderes wollte, als den durch planlose Aushebung verwüsteten Bauernstand wiederherzustellen. Man ließ die Dinge treiben, bis Marius auf den Gedanken kam, den Bedarf an wehrfähiger Mannschaft durch Anwerbung Freiwilliger aus der Schicht der Besitzlosen zu decken.

Einmal eingeführt fand die Neuerung sogleich allgemeine Nachahmung, aber es bezeichnet den Senatsschlendrian, daß sich das ganz unter der Hand vollzog, ohne grundsätzliche obrigkeitliche Regelung. Und doch war das die Umwälzung, in der schließlich das oligarchische System zerbrach!

Diese Freiwilligen ergriffen natürlich den Heeresdienst als einen Beruf — was vom militärischen Standpunkt aus ein Vorzug war — aber zugleich im Hinblick auf eine auskömmliche Altersversorgung. Da der Senat dieser Frage nicht die gehörige Beachtung schenkte, blieb sie der Initiative der Feldherrn überlassen, so daß die Beziehung der Soldaten zum Imperator alsbald zum privaten Treuverhältnis zwischen Clienten und Patron wurde. Mit dieser Heeresclientel kam nun aber ein entscheidender neuer Faktor in die römische Politik. Bei kurzfristigem, rasch wechselndem Kommando trat er freilich weniger in Erscheinung, als wenn in mehrjährigen Feldzügen ein Heer mit seinem siegreichen Befehlshaber, dem Imperator, zu enger kameradschaftlicher Verbundenheit zusammenwuchs. Mit einem solchen Heer konnte schon der geächtete Sulla auf eigene Faust den mithradatischen Krieg führen und nachher die Eroberung Italiens wagen. Ebenso stand Pompejus zu seinen Soldaten, und es entsprang lediglich seinem guten Willen, daß er nicht gleichfalls einen Bürgerkrieg entfesselte.

Es bedarf keiner Erörterung, daß sich Caesar, wie es die Optimaten erwarteten, mit seinem fünfjährigen Imperium eine Heeresclientel schaffen wollte. Man denke nicht, daß etwa Pompejus dagegen gewesen wäre. Es war wohl überlegt, daß Caesar sich durch das Plebiscit das diesseitige Gallien sicherte. Kein Heer stand Rom näher als dieses, und es war die stärkste Garantie der Dreibundspolitik, daß von dorther Rom jederzeit unter Druck gesetzt werden konnte. Das lag durchaus im Interesse des Pompejus, den eine Annullierung von Caesars Gesetzgebung ebenso schwer getroffen hätte wie den Urheber selbst. Er stellte deshalb auch im Senat den Antrag, Caesar noch das jenseitige Gallien zu geben, und diesem entfuhr in der Freude über diesen

Erfolg das Wort, er werde seinen Feinden von seinen Provinzen aus auf die Köpfe springen.

Leider berichtet uns keine Quelle, wie sich Caesar die zukünftige Entwicklung dachte. In der Schrift, die er im Jahr 51 über die Kriegführung in Gallien herausgab, beschränkt er sich auf die militärischen Leistungen und behandelt die politische Seite nur soweit als nötig ist, um die Behauptung seiner Gegner zu widerlegen, er habe in frivoler Weise das Leben seiner Soldaten aufs Spiel gesetzt in einem jedes gerechten Grundes baren Angriffskrieg. Es genügte ihm, wenn die Leser die Überzeugung gewannen, daß er ein Imperator sei, der sich durch seine kriegerischen Großtaten um den Staat wohl verdient gemacht habe. Was es für die Abrundung des Reichs und die Sicherheit Italiens bedeutete, daß die Grenze nun an den Ozean und an den Rhein vorgeschoben wurde, hielt er für überflüssig auszuführen, während Cicero schon 56 und 55 in rühmenden Worten davon sprach.

Auch in dem zweiten erhaltenen Werk, den drei Büchern vom Bürgerkrieg, entworfen etwa im Jahr 47, halten sich die politischen Äußerungen in den Grenzen der für den Kampf bestimmten Propaganda: daß er trotz seiner Friedensliebe von dem oligarchischen Klüngel, der es verstand, ihm Pompejus zu entfremden, zur bewaffneten Abwehr gezwungen wurde, daß er trotzdem jede Gelegenheit ergriff, zu einem Ausgleich zu gelangen, wie aber alle diese Bemühungen scheiterten und es darum zur brudermörderischen Schlacht von Pharsolos kam. Asinius Pollio, der sich damals in seiner Umgebung befand, erzählt bestätigend, er habe beim Anblick des Leichenfelds gesagt: „Das haben sie gewollt, in diese Zwangslage haben sie mich gebracht; nachdem ich die größten Kriege siegreich geführt hatte, wäre ich verurteilt worden, wenn ich nicht Hilfe beim Heere gesucht hätte.“ Wie ernst es ihm mit diesem Ausspruch war, bezeugt die Versöhnungspolitik gegenüber den Optimaten, die er als Sieger ungeachtet aller Enttäuschungen bis in seine letzten Lebenstage fortsetzte.

Doch an einer Stelle seiner Aufzeichnungen berührt er wenigstens die Reichskrise, also die große Frage, die ein Staatsmann dieser Zeit zu lösen hatte. Als er nämlich im Frühjahr 48 den doppelt so starken Pompejus an der albanischen Küste südlich von Dyrrhachion durch Feldbefestigungen eingeschlossenen hatte, wandte er sich mit einem Schreiben an Q. Metellus Scipio, den damaligen Schwiegervater des Pompejus — Julia war 54 gestorben —, der als Proconsul von Syrien mit seinem Heer eben bis nach Makedonien vorgerückt war. Wie er ihm darlegte, hielt er ihn wegen seiner Stellung und wegen des militärischen Gewichts seiner Truppenmacht für besonders geeignet, auf seinen irregeleiteten und bisher allen Versöhnungsversuchen unzugänglichen Schwiegersohn einzuwirken. Wenn es ihm gelinge, das Zerwürfnis beizulegen, so werde ihm der allgemeine Dank gebühren für „die Ruhe Italiens, den Frieden der Provinzen und die Erhaltung des Reichs."

In Ermangelung anderer Zeugnisse dürfen wir dieser beiläufigen Mitteilung des Friedensziels dankbar den Hinweis auf die Überwindung der Reichskrise entnehmen, unpathetisch formuliert und in gedrängter Kürze die drei wesentlichen Punkte andeutend. So gewährt er uns immerhin einen Anhaltspunkt dafür, wie Caesar die Lage betrachtete. Nehmen wir dazu seine Politik während der 9 Jahre seiner Kommandoführung in Gallien und die auch im Bürgerkrieg beharrlich fortgesetzten Versuche, sich mit Pompejus zu verständigen, so läßt sich wohl behaupten, daß er sein Ziel auf der im Consulatsjahr geschaffenen Grundlage zu erreichen hoffte. Das hieß, es sollte das Reichsregiment unter Beibehaltung der republikanischen Verfassung tatsächlich ausgeübt werden von drei Machthabern, welche die fortbestehenden Staatsorgane unter ihren Willen beugten. In diesem Sinne stellte er im Jahr 56 das Einverständnis mit Pompejus und Crassus wieder her und versuchte er, auch nach Crassus' Untergang im Jahr 53 die Verbindung mit Pompejus aufrecht zu erhalten.

Es bedurfte schon der Genialität Caesars, um gleichzeitig, während er Gallien eroberte und damit für die Fortbildung des Provinzenkonglomerats zu einem räumlich zusammenhängenden Reich das gleiche leistete, was Pompejus im Osten vollbracht hatte, auch die Fäden der hauptstädtischen Politik nicht aus der Hand zu lassen. Technisch wurde es ihm erleichtert, weil er in der Regel nur im Sommer Krieg führte und sonst von Oberitalien aus in enger persönlicher Fühlung mit seinen Vertrauensleuten in der Stadt stand.

Von planmäßiger Ausübung eines Reichsregiments war in diesen Jahren allerdings keine Rede. Es mußte Caesar schon genügen, wenn er mit dem Dreibundssystem seine politische Existenz behauptete. Dabei bereiteten ihm die Verbündeten oft ebenso viel Schwierigkeiten als die Optimaten, einmal, weil Pompejus und Crassus nie in ein wirklich gutes Verhältnis zueinander kamen, und dann, weil Pompejus Caesars Erfolge in Gallien mit steigendem Argwohn betrachtete. Das war ein ganz gefährlicher Punkt. Denn mittlerweile hatten sich die Dinge so entwickelt, daß Pompejus auch wieder mit den Optimaten zusammengehen konnte. Dieser Fall verwirklichte sich bereits im Jahr 57, als Cicero aus dem Exil zurückberufen wurde, wohin man ihn ein Jahr früher als Exponenten der oppositionellen Optimatenpolitik verwiesen hatte. Zu Caesars Glück strebte jedoch Pompejus nach neuen außerordentlichen Vollmachten und benahm sich so zweideutig, daß die Optimaten kein Vertrauen zu ihm faßten. Unter diesen Umständen brachte Caesar im Frühjahr 56 das Meisterwerk zustande, den Dreibund wieder zu befestigen. Bei der neuen Vereinbarung fiel Pompejus und Crassus das Consulat von 55 zu, an das sich Statthalterschaften in Spanien und Syrien anschlossen, die, entsprechend der Stellung Caesars in Gallien mit umfassender Vollmacht für 5 Jahre ausgestattet waren. Für sich selbst handelte Caesar die Verlängerung seines Proconsulats bis zu dem Zeitpunkt aus, wo er im Jahr 48 sein zweites Consulat übernehmen konnte. Man sieht, welch großen Fortschritt die Dreibundspolitik seit 59 äußerlich gemacht hat.

Caesar gewann damit die Zeit, Gallien vollends zu unterwerfen, doch zu einer gemeinsamen Politik großen Stils fehlten die Voraussetzungen, wo im Grunde jeder Partner mit sich selbst beschäftigt war.

Auch gestalteten sich die Verhältnisse anders, als man 56 voraussehen mochte: Seit 54 wurde Caesar durch gefährliche Aufstände in Anspruch genommen, Crassus schied 53 aus, und Syrien blieb nach dieser Katastrophe Einfällen der Parther ausgesetzt. In Rom stürzten unter den Gewaltmethoden des Dreibunds die letzten Überreste bürgerlicher Rechtsordnung zusammen. Ungeheuerliche Korruptionsskandale und Straßenschlachten, die sich die bewaffneten Gefolgschaften der Amtsbewerber lieferten, kennzeichneten die Zerrüttung des politischen Lebens. Pompejus machte sich zunutze, daß er außer seinen Provinzen noch einen ältern Auftrag — Rom mit Getreide zu versorgen — wahrzunehmen hatte. So ging er nach seinem Consulat nicht nach Spanien, sondern kehrte von seinen Dienstreisen immer wieder in die Nähe Roms zurück. Als Proconsul hatte er nicht unmittelbar an der Senatspolitik teilzunehmen, aber allmählich zweifelte Niemand mehr mehr daran, daß er das anarchische Treiben begünstigte, um eine Lage herbeizuführen, wo den Optimaten kein anderer Ausweg blieb, als ihm wie einst Sulla die Dictatur zur Wiederherstellung gesetzlicher Zustände zu übertragen. Damit hätte er auch gegenüber Caesar die Oberhand gewonnen. Doch die von Cato geführten Optimaten hatten noch Wiederstandskraft genug, diesen weitgehenden Plan zu durchkreuzen. Er mußte sich mit einem dritten Consulat im Jahr 52 begnügen. Diese Enttäuschung erleichterte es auch Caesar, den Bruch noch einmal zu verhindern. Doch hatte er eben die größte Krise seiner Kriegführung, die Erhebung der Kelten unter Vercingetorix, zu bestehen und war während geraumer Zeit gehemmt, sich in Rom genügend zur Geltung zu bringen. Infolgedessen geriet die Ordnungsaktion des Pompejus mehr und mehr unter den Einfluß der Optimaten, und auch nachher gelang es den Gegenbemühungen Caesars nicht mehr, den alten Kampfgenossen wieder an sich zu ziehen.

Seit Ende 50 machte sich Pompejus die Forderung der Optimaten zu eigen, Caesar aus Gallien abzuberufen, und ihn in der Zwischenzeit, bevor er wieder Consul war, durch ein strafrechtliches Verfahren zu vernichten. Das mußte den Bürgerkrieg entfesseln, und Pompejus lud die schwere Schuld auf sich, bei seinen Freunden die Illusion zu erwecken, als ob es ihm ein leichtes wäre, Caesar zu schlagen. Desto größer die Enttäuschung, als dieser durch blitzschnellen Vormarsch die Räumung Roms erzwang. Seine Veteranen gingen mit stürmerischer Begeisterung ans Werk, die ihrem Imperator zugedachte Schmach zu rächen. Doch sahen wir bereits, wie er die Hoffnung noch nicht aufgab, durch Verständigung mit Pompejus weiteres Blutvergießen zu verhindern. Denn mit den Optimaten konnte er sich nicht gütlich einigen. Dazu hatte sich bei ihnen zu viel Haß angehäuft, so daß sie sich von Caesar nur des Schlimmsten versahen: Wiederkehr der Schreckenszeit von Marius und Cinna und endgültiger Untergang ihrer Herrschaft. Allein schon beim Gedanken, sich ihm zu unterwerfen, bäumte sich alles in ihnen auf, und es entbehrt nicht der Großartigkeit, daß sie um ihr von den Altvordern überkommenes Erbe bis zum Tode kämpfen wollten. Gewiß, zu Anfang, im Bunde mit Pompejus, dem größten Patron der römischen Welt, glaubten sie die unbedingte Übermacht auf ihrer Seite zu haben. Aber auch nach dem Untergang des gefeierten Imperators kämpften sie in Afrika weiter und nach der Niederlage dort nochmals in Spanien. So zog sich der Bürgerkrieg vier Jahre hin, Caesar gewann alle seine Siege nur durch den schonungslosen Einsatz seiner Person, eilte von Italien nach Spanien, nach dem Balkan, nach Ägypten, Kleinasien, Afrika und wieder nach Spanien, stets mit zahlenmäßig schwächern Streitkräften und immer wieder mit seiner oft an Verwegenheit grenzenden Kühnheit in höchst kritische Lagen hinein, woraus ihn mehr als einmal nur sein wunderbares Glück befreite; schließlich der Sieg erkauft durch furchtbare Verwüstung von Gut und Blut des ganzen Reichs, Italiens und der Provinzen, wahrlich das gerade

Gegenteil des Ziels, wovon er im Brief an Metellus Scipio gesprochen hatte! Wäre ihm die Verständigung mit Pompejus geglückt, hätte es in der Tat nicht dahin zu kommen brauchen, und deshalb ist nicht zu bezweifeln, daß es ihm mit seinen Friedensangeboten ernst war. Im sichern Bewußtsein seiner geistigen und staatsmännischen Überlegenheit bedurfte er ja des blutigen Sieges nicht. So ging er einmal so weit, an Cicero, den er sich als Vermittler wünschte, schreiben zu lassen, er begehre nicht mehr, als unter Anerkennung des Vorrangs des Pompejus ohne Furcht zu leben. Dem Pompejus selbst schlug er vor, sie sollten sich beide eidlich verpflichten, ihr Heer binnen drei Tagen zu entlassen und dann die Friedensbedingungen in Rom der Festsetzung durch Senat und Volk anheimzustellen. Als das Pompejus vorgetragen wurde, schrie er leidenschaftlich: „Was soll mir ein Leben in der Stadt von Caesars Gnaden!" So klar war er sich darüber, daß jedes Paktieren mit Caesar nur diese Folge haben könnte, und sich darein zu schicken, wäre ihm als Verleugnung seiner ganzen Vergangenheit vorgekommen, glaubte er doch jetzt, an der Spitze der Oligarchie das Ziel seines Lebens erreicht zu haben.

So mußte dieser Kampf mit den Waffen ausgetragen werden, womit zugleich die Entscheidung für ein unverhüllt monarchisches Reichsregiment fiel. Welche Formen ihm Caesar geben wollte, mag hier beiseite bleiben, da seine Ermordung die Entwicklung jäh unterbrach. Aber eben, Caesars Katastrophe war nur eine Unterbrechung. Die Lebenskraft der alten Optimatenrepublik flackerte noch einmal auf, um bei Philippi endgültig zu verlöschen. Im Zug von Caesars Machtergreifung waren die zeitgemäßen Gestaltungskräfte durchgebrochen und wurde die Grundlage geschaffen, auf der Augustus die bisher nur bruchstückweise verwirklichte römische Weltherrschaft zum räumlich geschlossenen und durch wohlgeordnete Verwaltung festgefügten Reich auszubauen vermochte. Darum besteht Caesars weltgeschichtliche Leistung in der Art seiner Machtergreifung.

Optimatische Befangenheit sah in ihm nur den Revolutionär

und Tyrannen, eine Beurteilung, die aufs engste zusammenhängt mit der Blindheit gegenüber der Reichskrise. Wir wissen, daß Caesar viel größer dachte, daß er die res publica nicht zerstören, sie vielmehr unter seiner Leitung auf die Höhe ihrer von der Geschichte vorgezeichneten Ordnungsaufgabe heben wollte. Umgekehrt ist Caesars Ermordung nicht schlechthin eine ruchlose Tat, so schwer auch die geschichtliche Schuld wiegt. Es liegt darüber echte Tragik, weil der Übergang zur Monarchie den bisher als unumstößlich geltenden Überlieferungen widersprach. Das empfand Caesar selbst so stark wie jeder andere Römer und verstrickte sich damit in die größte Schwierigkeit.

Bismarck konnte in der Konfliktszeit einmal sagen: „Eine Versammlung von dreihundertfünfzig Mitgliedern kann heutzutage die Politik einer Großmacht nicht in letzter Instanz dirigieren wollen, indem sie der Regierung ein Programm vorschreibt, welches in allen Stadien der ferneren Entwicklung der Sache befolgt werden solle — das ist nicht möglich!" Das damalige preußische Abgeordnetenhaus hörte das mit Unwillen an, aber Bismarck sprach als der Vertreter des preußischen Königtums. Solch offene Darlegung des Sachverhalts, um den es letztlich in der römischen Reichskrise ging, war jedoch in Rom unmöglich, und so hat es auch Caesar vorgezogen zu handeln, ohne sich auf Erläuterungen seiner Beweggründe einzulassen, in der Hoffnung, auch seine Gegner würden schließlich begreifen, daß sein Tod das Reich in unabsehbare Wirren stürzen müsse. Als er dann aber mit Übernahme der lebenslänglichen Dictatur den letzten Schritt tat, wurde er schon einen Monat später ermordet. Wenn Augustus nachmals dieselbe Machtfülle behaupten konnte, so erklärt sich das nicht nur daraus, daß er sich staatsrechtlich vorsichtigerer Formen der Bevollmächtigung bediente, sondern die Römer waren inzwischen mürbe genug geworden, sie um den Preis von Frieden und Wohlfahrt hinzunehmen. Um Caesar wurde es, je mehr er sich seinem Ziele näherte, stets einsamer. Treue Handlanger fehlten ihm nicht, aber sein geschichtliches Werk mußte er ohne die Zustimmung der politisch führenden Schichten vollbringen, und sein tragischer Untergang wirkt besonders ergreifend als Widerspiel des Glücks, das ihn so lange durch alle Fährnisse getragen hatte.

Doch, obwohl er mitten aus voller Tätigkeit und noch größeren Entwürfen weggerissen wurde, genügten schon die bisherigen Taten, um die römische Geschichte endgültig in die neue Bahn zu zwingen. In ihrer wahren Bedeutung von den meisten Zeitgenossen unverstanden, schafften sie den Notwendigkeiten Raum, die erfüllt werden mußten, wenn das Reich nicht wieder auseinanderfallen sollte.

Unter diesem Gesichtspunkt erscheinen wohl die neun Jahre in Gallien als die furchtbarsten. Es war genial, wie sich unter seinen Händen die Eroberung Galliens, die als Improvisation begann, alsbald zum Gewinn einer dem Reichsganzen unentbehrlichen Provinz ausgestaltete, genial, wie er diese Aufgabe zu Ende führte und in seinem Rücken die gehässigste Opposition niederhielt. Zugleich schuf er sich in seinem Heer das Werkzeug für den Kampf, der, ihm aufgezwungen zur Verteidigung seiner Existenz, doch von vorneherein angelegt war auf die Überwindung der Reichskrise. Aber nicht minder wichtig war, daß er sich in dieser Zeit aus seinen nur ihm verantwortlichen Vertrauensleuten einen eigenen Regierungsapparat heranbildete. Ohne diesen Stab von unbedingt ergebenen und zuverlässig arbeitenden Gehilfen hätte er im Bürgerkrieg die Fülle politischer und organisatorischer Aufgaben nicht bewältigen können, und in der Reichsverwaltung kündigte sich damit die künftige Bürokratie an. Die beiden Stützpfeiler des Kaisertums, stehendes Heer und Reichsbeamtenstand, waren, wenn auch nicht in allen Stücken vollendet, aufgerichtet.

Der Aufenthalt in Gallien führte Caesar schließlich auch über die Beschränktheit gemeindestaatlichen Denkens hinaus. Wir bemerkten, wie die Verständnislosigkeit für die Reichskrise ihren eigentlichen Ursprung hatte in diesem Unvermögen, die hergebrachte Staatsform den Bedürfnissen einer zielbewußten

Reichspolitik anzupassen und wie der Gegensatz von Optimaten und Popularen das politische Interesse erst recht in den gemeindestaatlichen Raum bannte. Auch Caesar trat unter dem Zeichen dieses Gegensatzes in die Politik ein, er war durch die Umstände zum popularis bestimmt und verdankte dem entschiedenen Festhalten dieser Richtung auch seine ersten großen Erfolge, das Consulat und das gegen den Willen des Senats durch Plebiscit erworbene Proconsulat. Zwar die Methode war ihm schon damals nur eine Sache der Opportunität, und durch den Bürgerkrieg gewann er dazu die Macht, souverän über die alten Streitigkeiten hinwegzuschreiten. Die Mittel, sich in dieser Weise durchzusetzen, gewährte ihm Gallien, aber der vieljährige Aufenthalt in den Provinzen erschloß ihm auch den Blick für die große Aufgabe, das außeritalische Ländergebiet, das bisher hauptsächlich als Ausbeutungsobjekt interessierte, in ein engeres Verhältnis zur res publica zu bringen. Nicht, daß er daran gedacht hätte, den Unterschied zwischen herrschendem Volk und Untertanen grundsätzlich aufzuheben. Doch, wie man vordem Italien durch Gründung von Kolonien romanisiert hatte, so daß nun die sämtlichen frühern Bundesgenossen in der römischen Bürgerschaft aufgegangen waren, begann er mit der ihm eigenen Tatkraft diese Entwicklung in die Provinzen weiter zu treiben. Trotz der Kürze der Zeit gab es bei seinem Tode schon so viele außeritalische Bürgergemeinden, daß Roms gemeindestaatliche Verfassung zur staatsrechtlichen Fiktion erblaßte. Massenhafte Bürgerrechtsverleihungen ergänzen das Bild dieser Tendenz. Es war damit ein Weg eingeschlagen, der, in der Kaiserzeit folgerichtig fortgesetzt, zu dem schließlich nur noch von Bürgern bewohnten übernationalen Reich hinführte.

Wir wollen nicht in den Fehler verfallen, die in die Zukunft weisenden Züge in Caesars Werk schon für Vollendung zu nehmen. Jedoch erbringt eben die Tatsache, daß über seine Katastrophe weg die weitere Geschichte des römischen Reichs in ihrem Sinne verlief, den stärksten Beweis seiner staatsmännischen Größe. Denn er vollstreckte das Gebot des Schicksals.

FSC
www.fsc.org
MIX
Papier | Fördert gute Waldnutzung
FSC® C083411

Kolibri 360 GmbH
Ferdinand-Jühlke-Straße 7
99095 Erfurt, Deutschland
produktsicherheit@kolibri360.de